！……な海のいきもの

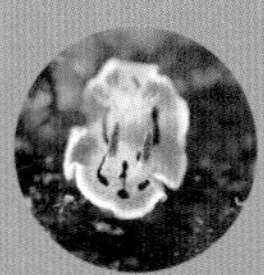

写真と文 塚本知早

はじめに

「海の生き物が好き！」

という人はけっこういると思います。

海には、いろんな面白い生き物がいます。

海の生き物は、フォルムも変わっていますし、

色彩もびっくりするほど豊かです。

「海の面白い生き物」

と聞くと南国のきれいな海をイメージする人が

多いのではないかと思います。

確かに、南国のきれいな海には

面白い生き物がたくさんいます。

でも、東京に近い海でも、

ユニークで面白い生き物は驚くほどたくさんいるのです。

そういう生き物の写真を集めてみました。

都心からすぐ近くにこんなにたくさんの

面白い生き物がいることを知ってほしくて。

CONTENTS

PART 1

千葉県・勝山

ミノカサゴ（フサカサゴ科）

20センチくらいの大きなミノカサゴです。
ゆらゆらとカーテンのように優雅に泳ぎますが、逃げ足は速いです。
ライトを向けるとゆっくりと顔を背けました。

カエルアンコウ（カエルアンコウ科）

カエルアンコウは、この写真のようにぴたりと動かず、
じっとエサが来るのを待っている「待ち伏せタイプ」です。
白や黄色、黒などさまざまな色のカエルアンコウがいます。

アオウミウシ（イロウミウシ科）

黄色と青のコントラストが映えるウミウシ２匹です。
同じ種類のウミウシ同士が２匹一緒にいることは時々あります。

コノハミドリガイ（チドリミドリガイ科）

触覚が２本あり、まるでナメクジのようです。
緑色に黄色が入っており、お洒落（しゃれ）な“ナメクジ”ですね。
海藻（うみも）をたべる草食のウミウシなのでよく海藻にくっついています。

アヤメカサゴ（メバル科）

一見、地味な魚ですが、ライトを当てると
鮮やかな紅色と黄色が浮かび上がります。
背景はサンゴです。

ウツボとゴンズイ（ウツボ科、ゴンズイ科）

ウツボは威嚇したりして怖いイメージがありますが
本当は臆病でこちらから向かっていかないかぎり噛むことはありません。
ゴンズイも背びれと胸びれに毒を持っていますが、
自分から刺してくることはほとんどありません。
しかしどちらにも向かっていったり刺激してはいけません。

トラギス（トラギス科）

ライトの反射で目の下がギラギラ光っています。
ライトを当てないと砂にまぎれてしまいます。
とてもすばしっこい生き物です。

カワハギの幼魚（カワハギ科）

小さなカワハギの幼魚で３センチくらいでした。
幼魚はよく岩のすきまや珊瑚などを隠れ蓑（みの）にして生活しているようです。

タツノオトシゴ（ヨウジウオ科）

写真のものはつがいでシッポをサンゴなどにからませています。
10センチくらいありました。
この大きさのタツノオトシゴを見たのは、東京近海では勝山だけでした。

ダンゴウオ1（ダンゴウオ科）

写真のダンゴウオは1センチほどですが、
それよりも小さいものもあります。
お腹に吸盤（きゅうばん）があり、流れに飛ばされないように踏ん張っています。

ダンゴウオ２（ダンゴウオ科）

ダンゴウオはカワイイ魚で海のアイドルともいわれています。
容姿もマンガ的ですが、動きもコミカルです。

オオバロニア（バロニア科）

このバロニアはつるつるしていてライトの光をはね返します。
破れると葉緑体の液が流れ出してしまうそうです。
海に潜ると動いている生き物ばかりに目がいきますが、
動かない生き物にも不思議議な面白いモノがたくさんいます。

スナダコ（マダコ科）

名前のとおり砂のような模様をしており、一見、どこにいるのかわかりませんでした。
砂などに擬態（ぎたい）する生物はその存在を知らなければ、ほかの人に「これだよ」と言われても
なんのことを言っているのかわからないことがあります。
ダイバー初心者のあるあるです。

ハナミドリガイ（ゴクラクミドリガイ科）

２センチほどの小さなウミウシです。
白いほわんとした点がいくつもあります。
草食なので、よく海藻近くで見かけます。

ミスガイ（ミスガイ科）

ロールパンの生地のような石があると思ったら、それがミスガイでした。
殻（から）は２センチもない小さな貝です。ピンクのヒラヒラが本体です。
実は黒い点の目が２つあるのですが、この写真では隠れています。

ウミウシの卵

一見、卵には見えませんが、よーく見るとつぶつぶとした卵だとわかります。
どうやったらこういう形になるのか不思議です。

勝山（千葉県安房郡鋸南町勝山）

東京湾内房地域の千葉県鋸南町勝山にあるダイビングスポットです。
東京から車で約２時間です。
港から小さな船で５分から10分ほどいったところにスポットがあります。
生き物がたくさんいて種類も多いです。日によって海の透明度に差があります。

水中遊泳は空を飛ぶ感じ!?

私は高校生の時に同級生たちと沖縄で、初めてスキューバダイビングを経験しました。その時、無重力で自由に動ける感じが空を飛んでいるように思いました。

私はよく空を飛ぶ夢を見るのですが、それにとてもよく似ていました。

ダイビングを始めるまで知らなかったのですが、ダイビングは一年中できるのです。暖かい時はウエットスーツを着用します。これは全身が濡れてしまいますが、とても泳ぎやすいです。

ウエットスーツの中は水着やラッシュガードなど濡れても大丈夫な服装です。寒い時はドライスーツを着用します。これは普段着ているような服を着用したとしても中に水が入らないようにするスーツです。実際に使用する際はジャージなどを下に着ます。このスーツのおかげで水に浸かるのは手首から下と頭だけです。このスーツのおかげで日本では一年中ダイビングすることが可能なのです。

タカベの大群と泳ぐ著者（西川名）

PART 2

静岡県・伊豆

クマノミ（スズメダイ科）

クマノミは南国をイメージさせる魚ですが、東京近海にもいます。
イソギンチャクに守ってもらっています。

トラウツボ（ウツボ科）

きれいなオレンジ色のウツボです。
口元が湾曲（わんきょく）していていつも口にすきまがあります。
ツノのように見えるのは後鼻孔（こうびこう）という鼻の管です。

コブダイ（ベラ科）

コブダイは人なつっこく、ダイバーの回りをうろつくものもいます。
こぶを触った感触はプヨンプヨンでした。

ビロードトゲトサカ

ふにゃふにゃしたやわらかいサンゴです。
拡大すると花のようなものがたくさん咲いています。
触れるとチクリとしてサンゴ皮膚炎（ひふえん）になってしまいますが、
ここに生物が隠れていたりするので、撮影のときに時々触れてしまいます。
だからグローブが必要です（日本の海ではグローブの使用はOKです）。

サラサエビ（サラサエビ科）

５センチもない小さなエビです。
身体が透明で目がミラーボールのような形をしています。
1匹見つけると近くにぞろぞろいたりします。

トゲアシガニ（イワガニ科）

10センチほどのカニです。
目の色は黄、黒、青、赤が混ざっているようで魅惑的です。
岩のすきまなどに隠れています。

アメフラシ（アメフラシ科）

このアメフラシは体長30センチくらいあり、
ナメクジのようにじっとりと動いていました。
実は目がついているのですが、黒すぎてどこにあるのかわかりません。

伊豆海洋公園（静岡県伊東市富戸）

静岡県伊東市の伊豆海洋公園（民間）にあるダイビングスポットです。
東京から車で約２時間です。
ここのダイビングスポットは船で海に出るのではなく、
海岸からタンクを背負ってそのまま海に入ります。
動植物園も併設されており、海、陸の自然豊かな公園です。

八丈島

ミゾレウミウシ（イロウミウシ科）

ウミウシというのは頭に角のような触角が２本突き出ているので、
そう呼ばれています。背中にはムカデのような足が生えていますが、
これは二次鰓（にじえら）というもので、水中の酸素を取り込むエラです。
ウミウシはダイバーにとってはアイドルのようなもので、
本書でもこれからたくさん出てきます。

PART 3

千葉県・波左間

ウデフリツノザヤウミウシ（フジタウミウシ科）

半透明で不思議な生き物です。
見た目が似ていることからダイバーの間ではピカチューと呼ばれています。
動きが遅いので撮影はしやすかったです。

トラフケボリ（ウミウサギガイ科）

虎の模様を持つ巻貝の仲間です。
黄色い個体と赤い個体がいます。
1センチ程度のトラフケボリだったので
少し波があると画面から外れてしまうので撮影が大変でした。

クダゴンベ（ゴンベ科）

ダイバーに人気の魚です。
サンゴの近くをヒョコヒョコ動いていました。
よく動くので撮影しにくかったです。

波左間（千葉県館山市波左間）

千葉県の内房、館山にあるダイビングスポットです。
館山にはいくつもの有名なダイビングスポットがあります。
東京から車で約２時間です。
海中神社だけじゃなく、
コブダイ、クダゴンベなどのお茶目な生き物に出会えます。

千葉にある海底神社とは？

波佐間海中公園にある海底神社

海底神社付近で餌付けされているコブダイ

ある年の新年が空けて少したったころダイビング仲間から「初詣はもう行った？　まだ行ってないなら一緒に行こうよ！」と誘われました。

「まだ行ってないから行く！」と返事をして、行くことになりました。

「どこの神社に行くの一？」と聞くと「海底神社でしょ！」と言われました。

「海底……？　え？　まって、海底に神社があるの!?」

「あるよ（笑）」

というやり取りがありました。

まさか海底に神社があるとは思ってもいなかったのでビックリしたのを覚えています。

そこは千葉県の館山市の波左間海中公園にある海の中の神社。

鳥居がしっかりとあり、参拝することができます。

水難、海難事故防止を祈願するために作られたようです。海底の神社はダイバーしか行くことができません。

神社好きな方はぜひライセンスを取得して行かれてみては？

八丈島

オジサン（ヒメジ科）

ひげが長くオジサンのように見えることからこの名がついています。
砂地でエサを探しているところをよく見ます。
沖縄などでは食べられる店もあります。

PART 4

静岡県・大瀬崎

カブトクラゲ（カブトクラゲ科）

カブトクラゲはクラゲですが刺しません。
虹色に光っていて、かなりもろく、ぶつかると裂（さ）けてしまいます。
写真だとわかりづらいのですが、光がカブトクラゲのなかを駆（か）けめぐるように動いていてとてもきれいでした。

大瀬崎（静岡県沼津市西浦江梨）

静岡県沼津市西浦江梨にあるダイビングスポットです。
伊豆半島の小さな岬で、東京から車で約２時間です。
とにかく夏は人が多く、水中で他のダイバーと近接することが多くあります。
深海魚が上がってくることもあり、運が良ければ珍しい生き物に会えます。

八丈島

イバラカンザシ（カンザシゴカイ科）

木の枝がきれいに開いたように見える不思議な生き物です。
木の枝のように見えるのはエラで、
身の危険を感じるとシュッと消えてしまいます。
白、青、黄色などさまざまな色のものがいます。

PART 5

静岡県・平沢

アオウミガメ（ウミガメ科）

脂肪(しぼう)が青いことからアオウミガメといいます。見た目は茶色っぽいです。
ヒレを羽ばたかせてどこからかやってきました。
離島をのぞき関東付近でカメが現れることは珍しいので、
カメラに収めなくてはと思いバタついていましたが、カメは待ってくれました。

「アオウミガメとの幸運な出会い」

海の中は水族館とは違います。

そこに行けばその生き物がいるとは限りません。それは思いもよらない生き物との出会いでもあります。

すべての生物が水族館にいるわけではないので、水中で見るしかありません。見ることができたら運がいいし、見ることができなかったら、また何回でも見に行こうと思います。

たとえば、私はライセンスの講習中に伊豆の大瀬崎でキアンコウという珍しいアンコウを見ました。キアンコウは深海魚なのでダイビング中にはなかなか見ることができませんが、その時は上にあがってきていたようです。

左写真のアオウミガメは、私が伊豆の平沢ビーチでダイビングの講習を受けていたときに出会いました。

カメは八丈島や沖縄などへ行けば見られますが、伊豆ではなかなか見ることができません。それはとても幸運なことでした。

海はいろんな表情を見せてくれるので、海に潜ると元気になります。

ミヤコウミウシ（クロシタナシウミウシ科）

青い点が特徴的なウミウシです。

この写真のものは黄色っぽいですが、赤茶っぽい個体もいます。

流れにうねりがありロープをつたっていると、ロープにウミウシがくっついていました。

左右に揺られながらロープをつかみ、片手でカメラを持って必死に撮影しました。

平沢（静岡県沼津市西浦平沢）

静岡県の西伊豆にあるダイビングスポットです。
東京から車で約2時間です。
近くにある平沢マリンセンター(ダイバー用の有料施設)は
大きくきれいでダイバーには使いやすいです。

八丈島

オオイソバナ（イソバナ科）

鮮やかな赤色のサンゴです。
とても大きなサンゴで50センチ以上ありました。

PART 6

千葉県・伊戸

ドチザメ 1（ドチザメ科）

身体が細長くてほかのサメに比べて小ぶりです。
80センチくらいです。岩のすきまや洞窟（どうくつ）にいるのをよく見ます。
おとなしく、襲ってくるサメではありません。

アカエイ 1（アカエイ科）

1.5メートルほどのエイです。尾に毒がありますが、攻撃的なエイは見たことがないです。
ほかの海のエイは砂に埋まっている姿がよく見られますが、
伊戸のエイはエサ欲しさに泳ぎ回っています。

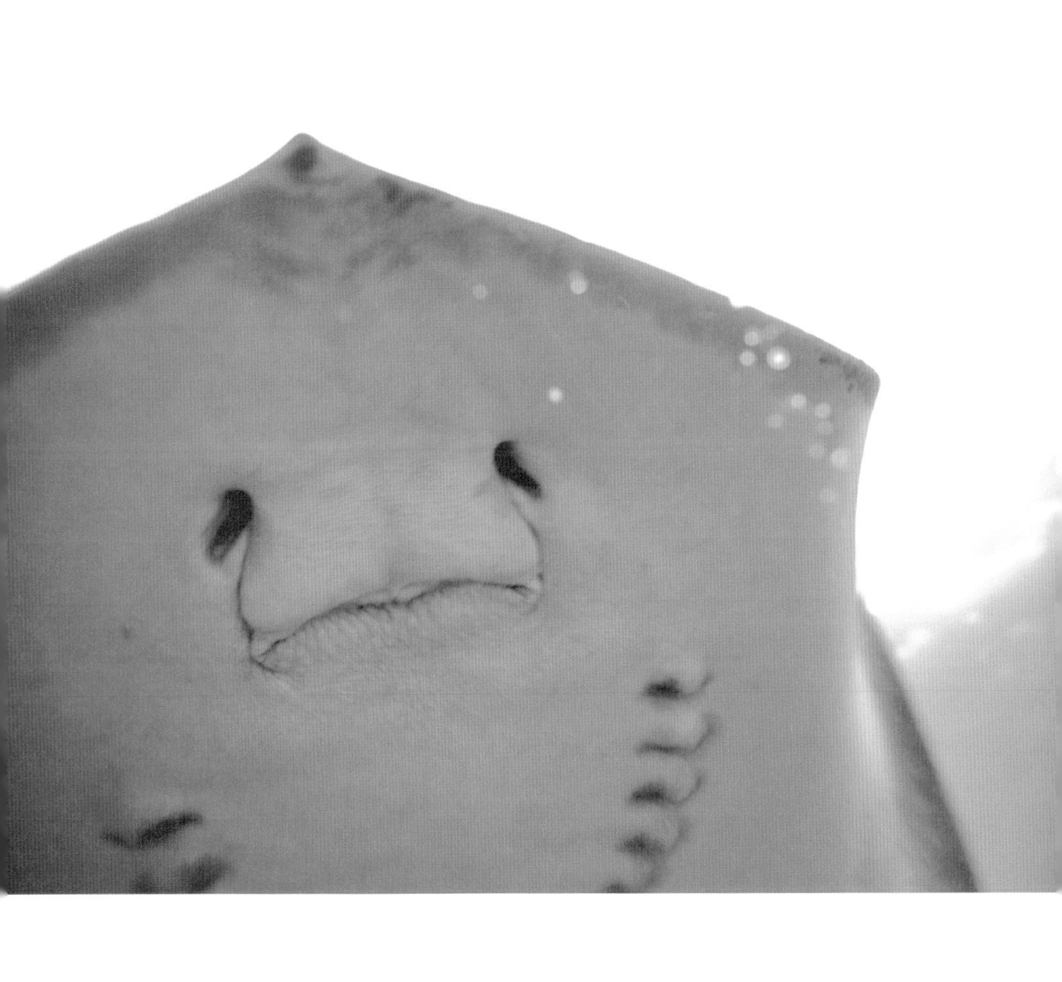

アカエイ２（アカエイ科）

泳いでいる姿は宇宙船のようでカッコいいのですが、顔はちょっと間抜けでお茶目です。

ウミウ（ウ科）

泳ぎがうまく人慣れした鳥です。
日本の伝統漁法である鵜飼いは、このウミウを使ったものです。

ドチザメ 2（ドチザメ科）

GoProで撮った動画を切り抜いた写真です。
下の赤くなっている部分は海藻で、GoProのフィルターの関係で赤く映ったようです。
実際はこれほど赤くはありません。

「サメと触れ合える」

東京近海ではサメとゼロ距離で触れ合えるポイントがあります。

場所は千葉県房総半島の南端にある伊戸。

定置網の魚をサメが食べてしまうため場所を移して餌づけしているようで、サメがとにかくたくさんいるとか。

ダイブするやサメ、サメ、サメ！！　とにかくサメ。大興奮です！！

ほとんどがドチザメで、エイやコブダイなんかもいます。

サメの密度がとにかくすごくて視界はサメだらけだし、サメが四方八方から泳いでくるので私が静止していてもサメのほうからぶつかってきます。

サメもエイも、人間に攻撃してくることはありません。

ただエサが欲しいだけなのです。魚をサメやエイに手渡しすることができます。

噛むと言うより吸うようにエサを食べるエイの口の吸引力は、なかなかすごかったです。そして１月から４月上旬限定なのですが、ウミウという鳥がエサを求めて海に突っ込んできます。

まさか千葉県の水面下がこんなことになっているなんてダイバーになる前は知らず、ダイバーになって世界が広がりました。

ドチザメとエイと魚たち 1

ドチザメとエイと魚たちは仲良く？　泳いでいます。
伊戸ではよく見られる光景です。

ドチザメとエイと魚たち2

ドチザメやエイ、そのほかの魚がカオス状態になっています。
伊戸ではこういうシーンに時々出会えます。

伊戸（千葉県館山市伊戸）

房総半島の南端に位置する伊戸は、東京から車で約２時間です。
サメやエイとゼロ距離で接することができるので、
世界的に有名なダイビングスポットです。
私が行った時も中国の観光客が潜りに来ていました。

郵便はがき

料金受取人払郵便

牛込局承認

9410

差出有効期間
2021年10月
31日まで
切手はいりません

162-8790

東京都新宿区矢来町114番地
神楽坂高橋ビル5F

株式会社ビジネス社

愛読者係行

ご住所 〒 TEL:　　　(　　　)　　　　FAX:　　　(　　　)		
フリガナ お名前	年齢	性別 男・女
ご職業	メールアドレスまたはFAX メールまたはFAXによる新刊案内をご希望の方は、ご記入下さい。	
お買い上げ日・書店名 年　月　日　　市区 町村　　書店		

ご購読ありがとうございました。今後の出版企画の参考に
致したいと存じますので、ぜひご意見をお聞かせください。

書籍名

お買い求めの動機

1 書店で見て　2 新聞広告（紙名　　　　　　　　）

3 書評・新刊紹介（掲載紙名　　　　　　　　）

4 知人・同僚のすすめ　5 上司、先生のすすめ　6 その他

本書の装幀（カバー），デザインなどに関するご感想

1 洒落ていた　2 めだっていた　3 タイトルがよい

4 まあまあ　5 よくない　6 その他(　　　　　　　　)

本書の定価についてご意見をお聞かせください

1 高い　2 安い　3 手ごろ　4 その他(　　　　　　　　)

本書についてご意見をお聞かせください

どんな出版をご希望ですか（著者、テーマなど）

PART 7

千葉県・西川名

イソギンチャクエビ（モエビ科）

イソギンチャクについていることが多いエビです。
色付きの部分と透明の部分があります。
流れの早い西川名ではイソギンチャクが激しく揺(ゆ)れるので
写真を撮るのはとてもむずかしいのです。

タカベの群れ（イスズミ科）

青黒っぽい体に黄色いラインの魚です。
たくさんの群れでおり、ダイバーが群れをかき分けて入っていくと、
壁が割れたようにサーっとよけます。

ヒゲダイ（イサキ科）

名前の通りアゴにひげが生えています。
とてもユニークでダンディーに見える魚ですが、もちろんメスにもヒゲがあります。

カンパチ 1（アジ科）

寿司や刺身で有名なカンパチです。
とても動きが早い魚でカメラで追うのが大変でした。

カンパチ２（アジ科）

カンパチのアップです。
とぼけた顔をしています。

西川名（千葉県館山市西川名）

房総半島の先っぽ、千葉県館山市西川名にあるダイビングスポットです。
東京から車で約２時間です。
海岸からボートで５～10分ほどいきます。
流れがとても速くロープをつたっていっても鯉のぼり状態で流されそうになります。
激流好きにとっては楽しい場所です。

PART 8

静岡県・浮島

カザリイソギンチャクエビ（テナガエビ科）

ほぼ透明で一見どこにいるかわかりません。
白い模様がサーっと動いたので、よく見るとこのエビでした。

ヒラタエイ（ヒラタエイ科）

地面をはうように泳いでいます。
エイは尾に毒があるといわれていますが、
こちらから向かわなければ刺されることはありません。

ユビノウハナガサウミウシ１（ホクヨウウミウシ科）

５センチほどのウミウシです。
写真のものは白色ですが、黄色やオレンジ色のものもいます。

ユビノウハナガサウミウシ２（ホクヨウウミウシ科）

一見、サンゴのようにも見えます。
突起の先端が分岐して樹氷のようです。

サラサウミウシ1（イロウミウシ科）

細かい網目模様が特徴的なウミウシです。
その繊細（せんさい）な色彩から、ヒャクメウミウシ、チリメンウミウシとも呼ばれています。

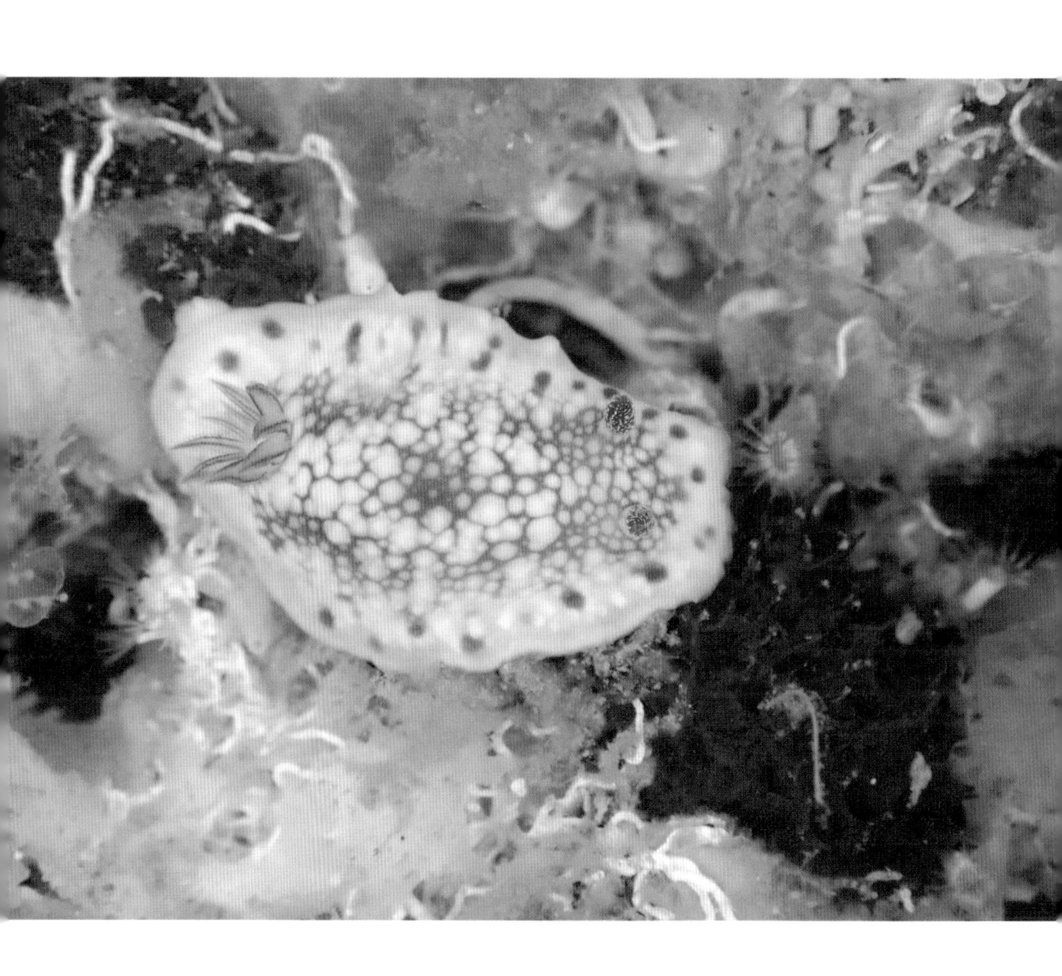

サラサウミウシ２（イロウミウシ科）

このウミウシの模様は、私にはクリームブリュレの上の砂糖を焦(こ)がしたように見えます。
色合いもショートケーキっぽくて、「カワイ美味(おい)し」そうな生き物です。

ウスイロウミウシ（イロウミウシ科）

シロウミウシに似ていますが、このウスイロウミウシは黄色いふちがなく、色味も薄いです。写真のものは２センチほどの大きさでした。

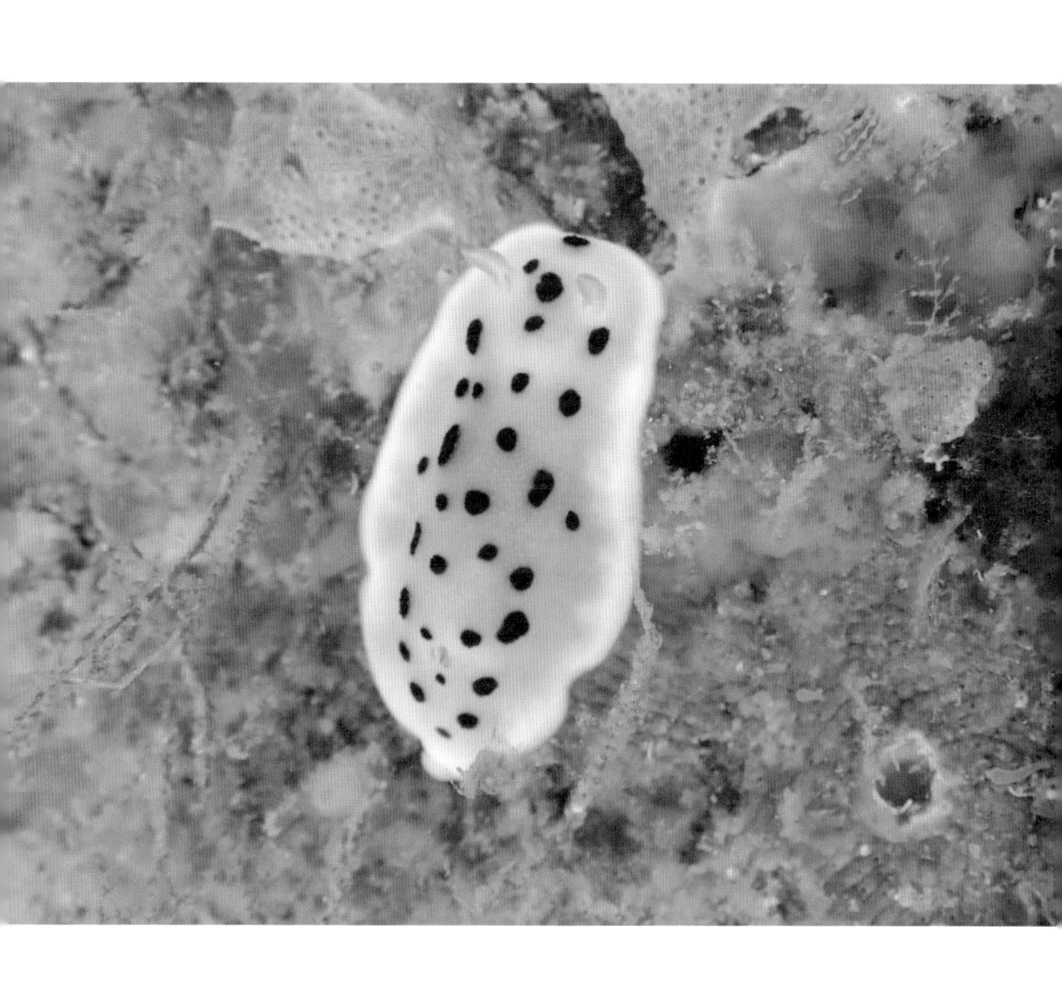

シロウミウシ（イロウミウシ科）

３センチほどの小さいウミウシです。
白地に黒い点と黄色のふちがあります。

浮島（静岡県賀茂郡西伊豆町仁科浮島）

西伊豆にあるダイビングスポットで、
「うきしま」ではなく「ふとう」と読みます。
東京から車で約２時間です。
ウミウシの聖地とも言われています。
本書だけでは紹介しきれないほどのウミウシ祭りです。

PART 9

静岡県・熱海

沈船

沈船、旭16号。全長81メートルの巨大な船が海底に横たわる姿は圧巻です。
船のなかにはキンギョハナダイなどいろんな魚がたっぷりいます。

「熱海の巨大な沈船」

ダイバーが好むダイビングスポットに「沈船」というものがあります。

「沈船」とはその名のとおり沈んだ船のことです。

東京近海にも大きな沈船があります。

場所は熱海。

なんと、全長81メートルの巨大な船が沈んでいるのです。旭16号という名の船です。これは昭和61（1986）年に沈んだ砂利運搬のタンカーです。

沈んでいる場所は水深30メートルほどです。

船の甲版上は水深20メートルほど。実際に私が潜ってみて思ったのは、全長が大きすぎて全貌（ぜんぼう）がとらえられない！　のです（笑）。

透明度の問題もあるかもしれませんが大きくて迫力がありました。

船自体は魚や生え物のお家になっていて、沈んでなお何かの役に立っている船なのです。

もちろん船の中にも泳いで入ることができます。

明かりが船にないので、ライトを持って潜入します。狭い所を通ることがあるので、背中に背負っている空気のタンクを天井にぶつけないように進みます。探検しているようでとてもワクワクします。

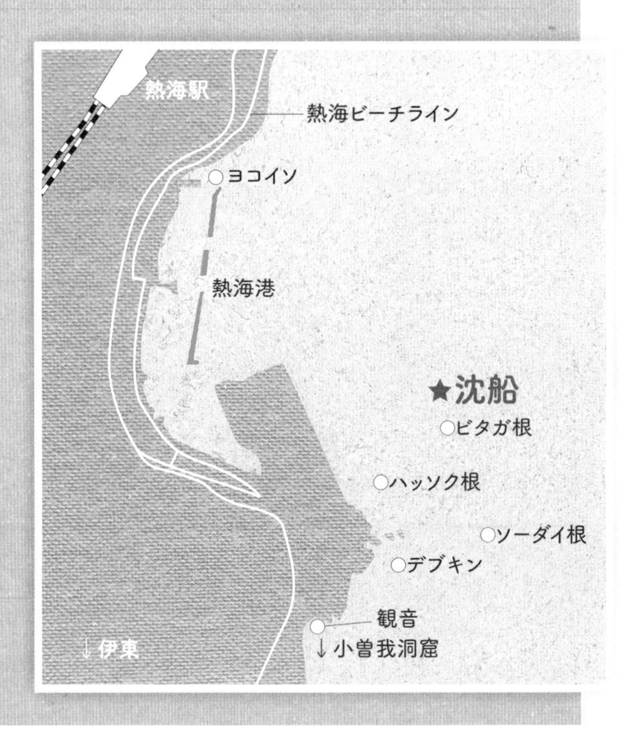

沈船と小魚たち

沈船は小魚たちの格好の隠れ家になっています。

熱海（静岡県熱海市和田浜南町）

温泉地としても有名な熱海は東京から車で約２時間です。
沈船だけでなく、キンギョハナダイ、サクラダイ、スズメダイ、
さまざまサンゴなどを楽しめます。
初心者コースなども充実していて、
最初に海に潜るには最適の場所かもしれません。

PART 10

東京都・八丈島

アオウミガメ（ウミガメ科）

イカの近くにはよくカメがいます。イカの卵を狙っているのです。
カメは地域によって近づいても平気な子とそうでない子がいます。

ハリセンボン（ハリセンボン科）

20センチほどのハリセンボンです。ぴらぴらしたヒレが可愛(かわい)いです。
小さいハリセンボンは怒らせてふくらませると内臓に影響があるそうなので、
怒らせないようにしないといけません。

キイロイボウミウシ（イボウミウシ科）

“キイロ”イボウミウシと言っても、黄色いイボがあるものと
白いイボがあるものがあります。
また身体も黄色を主にしているものもあれば、水色や黒っぽいものもあります。

タテジマキンチャクダイの幼魚（キンチャクダイ科）

斜めにもようが入っているせいか、ゆがんでいるように見えます。
尾は水玉もようです。海綿などの付着生物などを食べます。

アオリイカ（ヤリイカ科）

イカたちは一定の距離を保っており、ひとつひとつのイカに近づいて見ることができます。
透明度の高い八丈島はイカがとても観察しやすいです。

ウツボ（ウツボ科）

ウツボには口をあけると歯が見えるものと見えないものがあります。
ノーマルは歯が見えません。
写真のものはノーマルです。

キビレマツカサ（イットウダイ科）

黄色のひれが特徴のマツカサです。
マツカサの中では一番きれいな種だと思います。
岩陰の暗い場所にいることが多くあります。

ウミスズメ（ハコフグ科）

目の上のトゲがツノのように見えてカワイイ魚です。
泳ぐのは少し遅いようです。

ワカウツボ（ウツボ科）

写真はやや小ぶりのウツボです。
ワカウツボは浅場によくいます。
個体によってさまざまな違いがあり、黒いものや白いものもいます。

キンギョハナダイ（ハタ科）

数百から数千匹の群れをつくります。
尾やヒレが赤紫なのがオス、オレンジに青いシャドーがあるのがメスです。

イセエビ（イセエビ科）

触覚がとても長く、身体全体がなかなかカメラの画面に入らないほどです。
じわじわと奥に逃げ込んでいくので、急いで撮影しました。

キリンミノカサゴ（フサカサゴ科）

口元に３本のヒゲが生えているのが特徴です。
アップで真上から見ると眼球が盛り上がっているのがわかります。

アマミスズメダイ（スズメダイ科）

写真は大きさ３センチほどの幼魚です。
大きくなると青い蛍光のラインは消えてしまいます。
近づくと隠れてしまうので撮影はとても難しいのです。

ミギマキ（タカノハダイ科）

よく見ると頭の上のほうがぽこっと盛り上がっています。
いかにも熱帯魚という色彩で、暖かい海でよく見かけますが沖縄にはほとんどいません。

オトヒメエビ（オトヒメエビ科）

頭に対して手足が長くスレンダーなエビです。
青、赤、白の三色カラーでフランスの国旗のようです。

オルトマンワラエビ（ワラエビ科）

15センチほどのエビです。
頭に比べて脚がとても長いです。
植物の上で生活をしています。

ツノダシ（ツノダシ科）

背びれが長く伸びていて口が出ています。
普段は単独でも行動しますが、冬の八丈島では数百の群れになることがあります。

キホシスズメダイ（スズメダイ科）

背びれに黒い縁取りがあり、尾が黄色いのが特徴です。
群れで泳いでいるのをよく見かけます。

ネズミフグ（ハリセンボン科）

20センチを超える大きなフグです。
この写真のものは30センチもありました。
岩の切れ目や岩陰にいることが多いです。

セナキルリスズメダイ（スズメダイ科）

5センチ程度の小さなスズメダイです。すばしっこくて撮影はとてもむずかしいです。
スズメダイはいろいろな種類があり、似ているものが多いのですが、
この黄色の筋のものは暖かい海で見られるので、
東京近海では八丈島で見られる確率が高いです。

ツバメウオ（マンジュウダイ科）

スタイリッシュなフォルムですが顔は丸いです。
海の中層を数十匹の群れでヒラヒラと泳いでいます。

アカエソ（エソ科）

浅い岩場や砂地でじっとしていて小魚を捕食します。
ペアでいるのを目にすることもあります。

クリイロサンゴヤドカリ（ヤドカリ科）

岩陰などではなく、比較的、表に出ていることが多いヤドカリです。
若い時は足は白いのですが、だんだん黒っぽくなっていきます。
そして足の先だけ白い部分が残ります。

キスジカンテンウミウシ（ドーリス科）

白っぽい半透明の体に黄色い線のもようが入ったウミウシです。
おしゃれなデザートみたいでカワイイです。
ウミウシとしてはサイズが大きく10センチほどもありました。

セトイロウミウシ（イロウミウシ科）

体は半透明の白色です。背中の白い線が途中で二つに分かれているのが特徴です。
写真のものは２センチほどの大きさでした。

シシイロニセツノヒラムシ（ニセツノヒラムシ科）

ウミウシに似ていますがこれはヒラムシです。
ヒラムシはウミウシよりも薄っぺらくて「ヒラヒラ」しています。
水中をヒラヒラ泳いでいることもあります。

シモフリカメサンウミウシ（ドーリス科）

真上から見ると背中にカメのようなもようが見えることから、
名前にカメサンが入っています。
この写真では少しわかりにくいですが、黄色い部分がカメの手足、
黒い部分がカメの頭と甲羅（こうら）というわけです。

ゾウゲイロウミウシ（イロウミウシ科）

写真では奥が頭になります。

写真手前のオレンジの花びらのような部分は、水中の酸素を取り込む器官です。

ハクセイハギ（カワハギ科）

とぼけた顔をしたハギです。
口元がつきだしていて、アンテナのようなものが頭から生えています。
尾の付け根にある黄色い点のように見えるものは実はトゲです。

クモウツボ（ウツボ科）

細身のウツボです。穴の中に入っていて顔だけ出しています。
身体全体は見えません。鼻の穴が黄色くてウツボの中では一番可愛いです。

「ダイビングは泳げなくてもできる！」

海の中に潜ってさまざまな生き物に出会う、もっとも身近な方法はダイビングです。

ダイビングは泳げなくても大丈夫！

息ができるので足さえ動けばダイビングはできます。

またダイビングは初心者でもできます。ダイビングのできる海では、だいたい初心者向けの体験コースがおこなわれています。私も高校生の時に同級生たちと沖縄へ行き、体験スキューバダイビングをおこないました。

でももしダイビングへの興味が深まったら、ライセンスがあったほうがより深いところまで潜ることができます。

このライセンスは、国家資格のような公的な資格ではなく、民間のダイビング団体が独自につくっているものです。

ダイビングのライセンスには大まかに２段階あります。

最初に取るのがオープンダイバー。このライセンスを取得すれば水深18メートルまで潜れるようになります。筆記テストとプールで機材の使い方などの講習と、実際に海で行う海洋実習を終えると取得できます。最短３～４日で取得可能です。

その次のライセンスがアドバンス。このライセンスを取得すると水深30メートルまで潜ることができます。こちらは学科講習と海洋実習があり、自宅で事前にマニュアルを予習すれば最短２日で取得可能です。アドバンスまで取得すれば日本と海外のほとんどのポイントで潜ることができます。

八丈島（東京都八丈島八丈町）

羽田空港から飛行機で55分、東京竹橋港から船で約10時間で行けます。
たくさんのダイビングポイントがあり、ボートで海上に行く場合や、
海岸からそのまま入る場合もあります。
東京湾より水温が高いため、都心部と違った生き物がたくさんいます。

写真と文

塚本知早（ツカモトチハヤ）

1944年生まれ、熊本県出身。本業は音源制作。ダイビングとカメラにはまり、ヒマとお金があれば国内外の海に潜って写真を撮っている。本書で東京近くの海にも、たくさんの面白い生き物がいることを知ってほしいと思っている。

著者インスタグラム　chi.diving

CHI.DIVING

東京周辺！
お茶目な海のいきもの

2021年7月15日　　第1刷発行

著　　者　塚本　知早

発 行 者　唐津　隆

発 行 所　株式会社ビジネス社

〒162-0805　東京都新宿区矢来町114番地
神楽坂高橋ビル5階
電話 03(5227)1602　FAX 03(5227)1603
http://www.business-sha.co.jp

カバー印刷・本文印刷・製本　シナノパブリッシングプレス

カバーデザイン&本文デザイン　茂呂田剛（エムアンドケイ）

編集担当　本田朋子

営業担当　山口健志

ISBN978-4-8284-2298-5

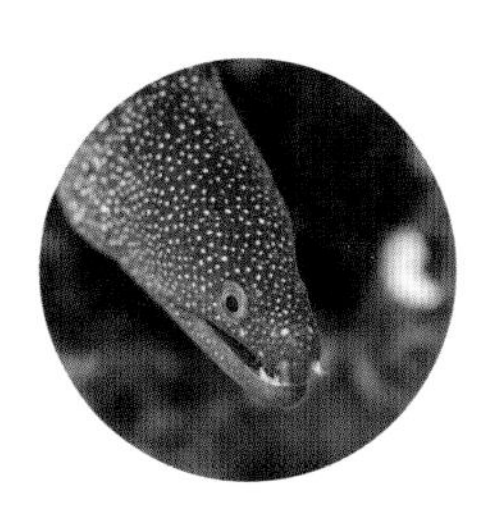